Ernst Probst

Mit Gorillas auf Du

Kurzbiografie der Primatologin Dian Fossey

GRIN Verlag

Bibliografische Information der Deutschen Nationalbibliothek:

Die Deutsche Bibliothek verzeichnet diese Publikation in der Deutschen National-
bibliografie; detaillierte bibliografische Daten sind im Internet über http://dnb.d-
nb.de/ abrufbar.

Impressum:

Copyright © 2012 GRIN Verlag GmbH
Druck und Bindung: Books on Demand GmbH, Norderstedt Germany
ISBN: 978-3-656-31063-1

Dieses Buch bei GRIN:

http://www.grin.com/de/e-book/204837/mit-gorillas-auf-du

Gorilla-Forscherin Dian Fossey (1932–1985)

Ernst Probst

Mit Gorillas auf Du

Kurzbiografie der Primatologin
Dian Fossey

*Meiner Ehefrau Doris
sowie meinen Kindern Beate, Sonja und Stefan
gewidmet*

Berggorilla-Mutter mit Kind
im „Parc National des Volcans" in Ruanda

Dian Fossey

Die berühmteste Gorillaforscherin

Amerikas bekannteste Primatologin war die Zoologin Dian Fossey (1932–1985). Insgesamt 18 Jahre lang erforschte sie das Leben der Berggorillas *(Gorilla beringei beringei)* in Ruanda und gewann dabei wichtige Erkenntnisse über diese Menschenaffen. Als erster Mensch berührte sie in freier Natur einen wilden Gorilla. Die Forscherin starb auf tragische Weise durch die Hand eines Mörders.

Dian Fossey kam am 16. Januar 1932 in San Francisco (Kalifornien) zur Welt. Ihr Vater George Fossey III. und ihre Mutter Kitty ließen sich scheiden, als Dian erst drei Jahre alt war. Wegen der Scheidung war ihre Mutter sehr verbittert und sah Dian ihren Vater erst nach 30 Jahren erstmals wieder.

Während der berufsbedingten Abwesenheit von Kitty Fossey, die als Mannequin für Bekleidungsgeschäfte arbeitete, kümmerten sich deren Schwester Flossy und deren Ehemann Bert um Dian. An diese beiden Menschen erinnerte sich Dian immer liebevoll. Weil ihre Mutter keine Zeit für sie hatte, wurde ihr Bedürfnis nach Zuneigung nie gestillt.

Als Dian fünf Jahre alt war, heiratete ihre Mutter den ehrgeizigen Unternehmer Richard Price. Er und seine Ehefrau hatten den Wunsch, sich Zugang zu den gehobenen Kreisen der Gesellschaft zu verschaffen.

„Für Richard Price waren Kinder kleine Erwachsene" schrieb die schweizerische Schülerin Belinda Rüttimann 2002 in ihrer Maturarbeit über Dian Fossey. Daher hatte er auch eine strenge Ansicht darüber, wie man sie erziehen sollte. Dian hasste ihren Stiefvater und verzieh ihrer Mutter nie, dass sie ihn geheiratet hatte.

Ein weiteres Problem war die auffallende Größe von Dian. Diese erreichte im Alter von 14 Jahren bereits eine Größe von 1,85 Metern. Ihre attraktive und merklich kleinere Mutter betrachtete dieses Gardemaß als unangenehm. Dian selbst empfand ihre Größe als Demütigung und dachte, sie sei nicht schön, obwohl sie von anderen Leuten als hübsch bezeichnet wurde. Deswegen entwickelte sie als Heranwachsende ein negatives Selbstwertgefühl.

Weil Richard Price ein erfolgreicher Geschäftsmann war, konnte er seiner Stieftochter Dian ein Studium finanzieren. Gerne hätte sie Tiermedizin studiert, aber ihre schlechten Schulnoten in den naturwissenschaftlichen Fächern erlaubten dies nicht.

Während ihrer Zeit auf dem „State College" in San Jose (Kalifornien) war Reiten das liebste Hobby von Dian. 1951 hatte sie ein schreckliches Erlebnis, als sie ein Wochenende auf einer Ranch in Bolinas zusammen mit ihrer Freundin Sally DuBray verbrachte. Weil es bei der Ankunft wegen des Regens zum Reiten zu nass war, fuhren die Beiden mit dem Auto auf dem Gelände der Ranch herum. Dabei hielten sie auf einem Feldweg, der an einem Hügel entlanglief und zur Spitze einer auf den Pazifik hinausragenden Felsklippe führte, an, um die schöne Aussicht zu genießen. Sally saß auf dem Fahrersitz, Dian auf dem Beifahrersitz. Plötzlich gab der aufgeweichte Feldweg unter dem Auto nach und das Fahrzeug rutschte langsam auf den Klippenrand zu. Geistesgegenwärtig packte Sally ihre Freundin am Arm, sprang durch die Fahrertür und zog Dian hinter sich her. Das Auto stürzte in die Tiefe. Von diesem Ereignis soll die Höhenangst von Dian hergerührt haben.

Nach dem Besuch des „State College" in San Jose (Kalifornien) absolvierte Dian Fossey an Krankenhäusern eine Ausbildung zur Ergotherapeutin für behinderte Kinder und machte 1954 ihren Abschluss. Nach Tieren mochte sie Kinder – vor allem hilfsbedürftige – am liebsten.

Im „American Journal of Occupational Therapy" fiel Dian Fossey eine Anzeige auf, in der ein Beschäftigungstherapeut für das „Kosair Crippled Children's Hospital" in Louisville (Kentucky) gesucht wurde. Diese Arbeitsstelle interessierte sie, weil Louisville weit weg von zu Hause war und weil sie dort mit Kindern arbeiten konnte. Ihre Bewerbung war erfolgreich und sie konnte im August 1955 ihre Arbeit aufnehmen.

In Louisville mietete Dian Fossey ein kleines, abgelegenes Häuschen, das ihr die Möglichkeit bot, ausgesetzte Hunde zu betreuen. Die Fürsorge für diese Hunde war eine von vielen Eigenarten, die auf ihre Kollegen/innen bei Kosair seltsam wirkten. Dian hatte nach Ansicht ihrer Kollegen/innen Tiere lieber als Menschen. „Sie war nicht jemand, der auf Menschen zuging, um eine freundschaftliche Beziehung aufzubauen, sondern hielt sich zurück und überließ es den anderen, ob sie ihre Freunde sein wollten oder nicht", heißt es in dem lesenswerten Buch „Dian Fossey – Die einsame Frau des Waldes" (1991) von Harold Hayes. Mit den kleinen Patienten im „Kosair Crippled Children's Hospital" ging Dian Fossey immer sehr rücksichtsvoll und liebevoll um. Sie setzte immer alles daran, dass es ihren Patienten gut ging.

Nach zweimonatigem Aufenthalt in Louisville freundete sich Dian Fossey im November 1955 mit der jungen Sekretärin Mary White Henry an, mit der sie im „Kosair Crippled Children's Hospital" ein Büro teilte. Mary war die zweitälteste Tochter des einige Monate zuvor verstorbenen Chirurgen Dr. M. J. Henry, der während einer Messe einem Herzschlag erlegen war. Zu den Gemeinsamkeiten von Dian und Mary gehörten, dass beide höflich und belesen waren und einen College-Abschluss hatten. Im Gegensatz zur schüchternen Dian war Mary mittelgroß. sehr attraktiv, kontaktfreudig und in der Männerwelt sehr begehrt.

Mary lud ihre neue Freundin Dian bald zum Essen in das Haus ihrer Mutter Gaynee Henry ein. Mit der Familie Henry schloss Dian eine innige Freundschaft. Im Haus der Henry's war meistens viel Leben, weil oft Verwandte, Freunde oder Bekannte zu Besuch kamen. Aus diesem Grund nannten die Henry's ihr Haus scherzhaft „Hotel Henry". Die Henry's und viele ihrer Besucher waren katholisch und lebhafter, als sich Dian bis dahin Katholiken vorgestellt hatte.

Die zarte und grauhaarige Gaynee Henry, die zwei Kinder verloren hatte, wurde für Dian bald zu einer

Art Ersatzmutter. Sogar als ihre Freundin Mary
später in Louisville zu „American Express" wech-
selte, besuchte Dian weiterhin Gaynee Henry.
Gaynees leibliche Töchter Mary und Betty betrachteten Dian als „Mutters andere Tochter". Gaynee
war gesellig, fröhlich, reisefreudig und somit das
genaue Gegenteil von Dian. Auch ihre Tochter Mary
reiste gerne, beispielsweise nach Paris, Amsterdam und
Saigon.
Zum Freundeskreis der unternehmungslustigen Familie
Henry gehörte auch der katholische Pater Raymond,
der bürgerlich Joe Flanagan hieß. Die Freundschaft
der Henry's mit ihm hatte sich entwickelt, nachdem
Dr. Henry den Pater 1949 wegen Magenkrebs
erfolgreich operiert hatte. Von diesem Pater war auch
Dian sehr angetan.
Im Haus der Familie Henry lernte Dian einige
Mitglieder der Familie des aus Österreich stammenden
Grafen Franz Joseph Forrester, der sich in Salisbury in
Rhodesien (Afrika) als Tabakpflanzer betätigte,
kennen. Nämlich dessen Schwägerin (eine Nonne
namens Schwester Gerald, Schatzmeisterin bei den
Schwestern des Heiligen Kreuzes), dessen Ehefrau Peg
(eine Irin und Tochter des früheren Bürgermeisters
von Limerick, Frank Hartney) und dessen jüngsten
Sohn Pookie. Diese drei waren Bekannte von Pater
Raymond, der Dian einmal ein Foto der drei Forrester-
Söhne zeigte. Bei dieser Gelegenheit zeigte Dian mit
dem Finger auf den Sohn Alexie und sagte: „Das ist
der Mann für mich". Alexie war sieben Jahre jünger
als Dian, mit 1,98 Metern noch größer als sie, leitete

die Güter der Familie außerhalb von Salisbury und beaufsichtigte 200 afrikanische Arbeiter.

Mary Henry und Dian Fossey wurden von den Forrester's eingeladen, sie zu besuchen, wenn sie mal nach Afrika kommen sollten. Mary kam dieser Einladung 1960 nach. Nach der Rückkehr erzählte Mary ihrer Freundin von ihren Abenteuern in Afrika und zeigte ihr Fotos, von denen Dian vor allem die Tierbilder faszinierten. Dian wollte ebenfalls reisen, konnte sich das aber mit ihrem bescheidenen Jahreseinkommen von 5.300 US-Dollar nicht leisten.

1963 fasste Dian Fossey einen wichtigen Entschluss, als sie gerade eine Nusstorte in vier Teil schnitt. Sie war jetzt 31 Jahre alt und hatte so gut wie noch nichts erlebt.

Das Leben ging an ihr vorbei. Sie fühlte sich in ihrem Leben in Louisville mit einem Job, der keine Aufstiegsmöglichkeiten bot, regelrecht gefangen. Nun wollte sie etwas Entscheidendes unternehmen, nach Afrika reisen und ihr ganzes Leben umkrempeln. Noch wusste sie aber nicht, woher sie das Geld hierfür nehmen sollte. Denn ihren ungeliebten Stiefvater wollte sie nicht fragen.

Bei ihrer geplanten Afrikareise wollte sich Dian Fossey keiner Touristengruppe anschließen und auch lange genug dort bleiben, um wirklich etwas vom „Schwarzen Erdteil" zu sehen. Ihr Plan sah vor, sieben Wochen zu bleiben. Zuerst wollte sie nach Kenia reisen und anschließend dorthin, wo die wildesten Tiere lebten. Um sich frei bewegen zu können, wollte sie einen Führer mit Auto nehmen.

Zur großen Freude von Dian Fossey lieh ihre Freundin Mary White Henry ihr jene 8.000 US-Dollar, die sie für ihr Afrika-Abenteuer brauchte. Dian bereitete sich sehr sorgfältig auf die Afrika-Reise vor und lernte unter anderem Suaheli, bevor sie nach Kenia aufbrach.
In Kenia engagierte Dian Fossey den 41-jährigen John Alexander als Führer. Dieser war 1,85 Meter groß, seit kurzem geschieden und damals mit einer 17-Jährigen verlobt. Mit Alexander arbeitete Dian den Plan für eine rund 1.500 Kilometer lange Route aus, die sie zu fast allen größeren Wildtiervorkommen in Ostafrika führen sollte. Diese Route wurde von den Einheimischen spöttisch als „Hausstrecke" bezeichnet.
Ziele waren das Buschland von Tsavo mit rund 20.000 Elefanten und Tausenden von Nashörnern, Manyara mit einem großen Salzsee, den riesige Flamingoschwärme rosa färbten, der Vulkankrater Ngorongoro, in dem fast die gesamte afrikanische Tierwelt vertreten war, die Olduvai-Schlucht (Tansania), in der Louis Leakey (1903–1972) und seine Ehefrau Mary Leakey (1913–1996) fossile Reste der ersten Menschen entdeckt hatten, und die Serengeti mit Hunderttausenden von Wildtieren.
Wie die erste Begegnung von Dian Fossey mit Louis und Mary Leakey in der Olduvai-Schlucht verlief, wird von den Beteiligten unterschiedlich geschildert. Dian berichtete in einem Artikel für das „Louisville Courier Journal", sie habe Louis Leakey zwar gesehen, aber dieser sei damals krank gewesen, habe keine Zeit für sie gehabt und sie habe nicht mit ihm gesprochen. Louis

Louis Leakey (1903–1972)

14

habe sich aber zusammen mit Alexander fotografieren lassen, diesem und Dian den Weg zu den Ausgrabungen gezeigt und sich dann zurückgezogen. Mary Leakey erzählte mehr als 25 Jahre später, Louis habe zu Dian keinerlei Kontakt gehabt, als sie erstmals in der Olduvai-Schlucht war. Sie sei eine Touristin wie alle anderen gewesen, die an der Olduvai-Schlucht vorbeikamen.

Bis zu der Begegnung mit Louis Leakey verstanden sich Dian Fossey und John Alexander recht gut. Doch ab da veränderte sich das Verhalten von Dian, die bis dahin keine Beziehung mit einem Mann gehabt hatte. Sie meinte, dass mit 31 Jahren endlich mal Zeit wäre, dies zu ändern. Doch John Alexander spielte nicht mit, weil er verlobt war, und erinnerte sich später nur ungern an die gemeinsame Reise mit Dian, die es auf ihn abgesehen hatte. Zu allem Überdruss behauptete Dian noch, Alexander habe sie verführen wollen, und sie hätte sich dagegen gewehrt. Es war nicht das letzte Märchen, das sie erzählte. John wurde einer der Ersten von vielen Feinden, die sich Dian im Laufe der Zeit machte.

In der Serengeti-Ebene hörte Dian Fossey von dem belgischen Biologen Jacques Veschuren erstmals von den Berggorillas. Veschuren erzählte, kürzlich habe eine Studie seines afrikanischen Freundes George Schaller ergeben, dass Berggorillas vor allem im Gebiet der Virunga-Vulkane im Kongo lebten. Schaller hatte acht Monate auf der Kabarawiese am Mikeno verbracht und insgesamt 466 Stunden lang Berggorillas beobachtet. Nachdem im Sommer 1960 plötzlich

Unruhen im Kongo ausbrachen, verließ zunächst seine Frau Kay und später auch er dieses afrikanische Land. Die Virunga-Vulkane waren – laut Veschuren – etwa fünf Tage Fahrt von der Serengeti entfernt. In der Gipfelregion dieser Bergkette grenzten drei Länder aneinander: im Westen der Kongo, im Südosten Ruanda und im Norden Uganda. Damals glaubte man, dass die Berggorillas kurz der Ausrottung standen.

Zusammen mit John Alexander machte sich Dian Fossey zum Kongo auf, da sie damals annahmen, die meisten Berggorillas lebten auf der kongolesische Seite. Dabei handelte es sich um ein recht gefährliches Vorhaben, da niemand genau wusste, welche Zustände im Gebiet rund um die Virunga-Vulkane wegen des Bürgerkrieges im Kongo herrschten. Doch Dian war nicht von ihrem Plan abzuhalten, die Berggorillas sehen zu wollen.

Ohne Zwischenstopp kamen Dian Fossey und John Alexander über die Grenze in den Kongo. Nach einer Übernachtung im Hauptquartier des „Albert-Nationalparks" (heute „Virunga National Park") in Rumangabo bestiegen Dian und John in Begleitung von zwei bewaffneten Wildhütern und elf Trägern für ihre Ausrüstung den Mikeno. Nach sechs Stunden kamen sie am Rand einer 3.000 Meter hoch gelegenen Lichtung (Kabara-Wiese genannt) an. Dort begegneten Dian und Alexander den Fotografen Joan und Alan Root, die sich bereits seit einem Monat auf der Kabara-Wiese aufhielten und einen Film über Berggorillas drehten. Die beiden Roots wurden später enge Freunde von Dian.

Am nächsten Tag konnte Dian Fossey erstmals einen flüchtigen Blick auf einen wild lebenden Gorilla werfen. Dieser Blick war ein entscheidendes Ereignis in ihrem weiteren Leben.

Nach ihrer Tour zu den wilden Tieren in Ostafrika besuchte Dian Fossey die Familie Forrester in Salisbury (Rhodesien). In Mtroshanga, der Tabakplantage und Viehfarm der Familie, begegnete sie erstmals Alexie Forrester, der Dian auf dem Foto so gut gefallen hatte. Er stieg von einem Traktor herunter, um sie zu begrüßen. Anders als sonst musste Dian zu ihrem stattlichen Gegenüber hoch-, statt hinuntersehen. Die Beiden sahen sich an, bis Dian sagte, sie könne pflügen, den Traktor bestieg und das ganze Feld pflügte. Alexie hatte das Gefühl, endlich eine richtige Frau gefunden zu haben.

Nach ihrer Afrika-Reise kehrte Dian Fossey in die USA zurück. In der Folgezeit musste sie die Hälfte ihres Gehalts für die Rückzahlung des 8.000-Dollar-Kredits aufwenden. Mit nach Hause brachte sie Zeichnungen und Fotos, die sie während ihrer Reise angefertigt hatte. Was sie auf dem „Schwarzen Erdteil" erlebt hatte, ging ihr nicht aus dem Kopf. Sie schrieb darüber Artikel im Stil eines Schulaufsatzes, die im „Louisville Courier" erschienen. Ein Artikel befasste sich mit afrikanischen Wildtieren, ein weiterer mit den Berggorillas und der dritte mit Knochenfunden der Leakeys in der Olduvai-Schlucht.

Der Artikel mit der Schlagzeile „Ich fotografierte den Berggorilla" war mit Aufnahmen versehen, die Dian Fossey von den erwähnten Fotografen Roots zur

Foto auf Seite 19:

Olduvai-Schlucht (Olduvai Gorge)
in Tansania.
Diese archäologische Fundstelle
gilt als „Wiege der Mennschheit".
Dort nahmen Louis Leakey
und seine Ehefrau Mary Leakey
Ausgrabungen vor.

Erinnerung erhalten hatte. Ihre eigenen Fotos von den Berggorillas waren überbelichtet und für den Artikel unbrauchbar.

Im September 1964 kam Alexie Forrester aus Rhodesien in die USA, um an der „University of Notre Dame du Lac" in South Bend (Indiana) zu studieren. South Bend ist etwa 450 Kilometer von Louisville, wo Dian lebte, entfernt. Alexie hatte ein Stipendium für diese katholische Privatuniversität bekommen, verdiente seinen Lebensunterhalt als Nachtwächter und Bauarbeiter und schlief in einer Aufbahrungshalle, um sich die Miete zu ersparen. Auch Dian war damals wegen ihrer kostspieligen Afrikareise zum Sparen gezwungen, verzichtete auf Mittagessen und auf manches Andere.

Beim Erntedankfest 1964 sahen sich Dian und Alexie erstmals nach einem Jahr seit ihrer ersten Begegnung in Rhodesien wieder. Als sie sich nach Weihnachten zum zweiten Mal im „Hotel Henry" in Louisville trafen, bemerkten alle, dass die Beiden ineinander verliebt waren. Anfang 1965 beschlossen beide impulsiv, möglichst bald zu heiraten, hielten dies aber bis 1966 geheim. Alexie fuhr 1966 zu George Fossey, dem Vater von Dian, mit dem sich diese damals wieder ausgesöhnt hatte, nach Kalifornien und teilte mit, er wolle 1968 heiraten, sobald er mit dem Studium fertig sei.

Wegen der Heiratspläne trafen sich die Eltern und die Tante von Alexie mit den Eltern von Dian. Kitty Price, die Mutter von Dian, war begeistert davon, dass ihre Tochter in den europäischen Adel einheiraten würde. Bedenken hatte dagegen Schwester Gerald, die Tante

von Alexie, weil die 24-jährige Dian sieben Jahre älter
als Alexie war. Die Verlobung wurde zweimal ver-
schoben. Die Hochzeit sollte zu einem günstigeren
Zeitpunkt stattfinden, erst wenn Alexie 1968 sein
Studium abgeschlossen hatte. Dian war wütend, fühlte
sich gedemütigt und am Boden zerstört. Sie glaubte,
die Hochzeit würde nie stattfinden, bekam einen hy-
sterischen Anfall und verschwand für zwei Wochen.
Die Hochzeit kam nicht zustande. In ihrer Autobiografie
erwähnte Dian ihren ehemaligen Freund Alexie mit
keinem Wort.

In der ersten Aprilwoche des Jahres 1966 hielt Louis
Leakey an der Universität in Louisville einen Vortrag
über die Geschichte der ersten Menschen. Bei dieser
Gelegenheit zeigte ihm Dian Fossey ihre Zeichnungen,
ihre Fotos und ihre drei Artikel aus dem „Louisville
Courier". Davon interessierte ihn offenbar nur der
Artikel über die Berggorillas. Louis fragte Dian, ob sie
diese Fotos gemacht habe, was sie bejahte. Darauf
sagte Louis, er möchte mit ihr reden.

Louis Leakey bevorzugte für Primatenstudien fachlich
nicht qualifizierte Frauen. Er glaubte, dass Frauen
sensibler für Mutter-Kind-Beziehungen seien, ge-
duldiger wären und weniger Aggressionen bei den
Männchen hervorriefen. Frauen ohne fachliche
Qualifikation waren ihm lieber als ausgebildete
Wissenschaftler, weil er meinte, diese sähen oft zu viel.

Louis Leakey zeigte sich sehr beeindruckt von Dian
Fossey, weil diese es als Touristin geschafft hatte, bis
zu den Berggorillas vorzudringen. Zudem hatte sie
tatsächlich Berggorillas gesehen und es geschafft, ihre

Eindrücke schriftlich festzuhalten. Trotzdem war Louis anfangs nicht ganz sicher, ob Dian den Anforderungen einer intensiven Gorilla-Studie gewachsen war und er hielt sie vorerst in Wartestellung.

Doch bald kam Louis Leakey zu der Überzeugung, dass Dian Fossey für sein Vorhaben genau die Richtige war. Er gewann die Amerikanerin dafür, wieder nach Afrika zu kommen und im Kongo die Berggorillas in ihrer natürlichen Umgebung zu studieren. Nun mussten nur noch Finanzmittel beschafft und Komplikationen mit den kongolesischen Behörden bewältigt werden.

Am 19. Dezember 1966 machte sich die 34-jährige Dian Fossey voller Idealismus auf den Weg nach Afrika. Sie reiste in Begleitung des Fotografen Alan Root in den Kongo. Ihre Aufgabe war, in einer Drei-Jahres-Studie über die Berggorillas mehr über die frühen Menschen zu erfahren. Dian vermutete, diese Gorillas würden viele Hinweise liefern, wie die frühen Menschen lebten und sich der Umwelt anpassten.

Bis zu diesem Zeitpunkt hatte Dian Fossey weder eine fachliche Ausbildung als Primatologin genossen, noch sich größere zoologische Kenntnisse erworben. Doch Louis Leakey, der als Wegbereiter der modernen Forschung vom Ursprung der Menschheit gilt, betätigte sich als ihr geistiger Ziehvater und brachte ihr das Allernötigste bei.

Die Aufgabe von Dian Fossey, auf dem Berg Mikeno im Gebiet der Virunga-Vulkane mitten in einem unsicheren Gebiet des Kongo zu leben und dort die Berggorillas zu erforschen, war ein gefährliches Unterfangen. Bei Auseinandersetzungen in diesem afrikanischen Land waren, wie man erst im Nachhinein erfuhr, schätzungsweise eine halbe Million Menschen umgekommen. Dabei hatte es unvorstellbare Grausamkeiten gegeben. Rebellen der Simbas zwangen beispielsweise schwarze Landsleute, Benzin zu trinken, schnitten ihnen dann den Bauch auf und zündeten sie an. Weiße wurden von den Simbas gehasst und aus dem Land vertrieben.

Nach der Ankunft von Dian Fossey und Alan Root auf der Kabara-Wiese des Albert-Nationalparks auf dem Bergsattel des Mikeno heuerte der afrikanische Fährtensucher Alan Sanweckwe zwei Schwarze als Küchenjunge und Holzsucher sowie deren Ablösung an. Es wurde jeweils in Zwei-Wochen-Schichten gearbeitet. Dann baute man das Lager auf, grub eine Latrine und installierte eine Abwasserleitung.

Als der Fotograf Alan Root am Abend des 15. Januar 1967 wegfuhr, lebte Dian Fossey zusammen mit drei Afrikanern auf der Kabara-Wiese. Zunächst fühlte sich Dian deprimiert, einsam und verlassen und war zu nichts mehr fähig. Sie mied die drei Afrikaner, die in der teilweise ausgebrannten Hütte auf der Kabara-Wiese hausten, da sie deren Sprache nicht verstand und nicht wusste, was sie mit ihnen reden sollte, und zog sich in ihr abgelegenes, zwei mal drei Meter großes Zelt am Rande der Kabara-Wiese zurück.

Allmählich lernte Dian Fossey aber, mit ihren ungewohnten Lebensverhältnissen umzugehen und fühlte sich immer wohler. Jeden Tag erlebte sie Neues und Unerwartetes. Vor allem unvergessliche Begegnungen mit Berggorillas. Als sie zum ersten Mal von einem

Gorilla angegriffen wurde, klammerte sich Dian an einen Baum und machte sich in die Hosen. Bei einem späteren Angriff rasten ein Männchen und ein Weibchen brüllend und schreiend auf sie zu. Dian blieb stehen, wie man ihr geraten hatte, und schrie die beiden Menschenaffen an. Doch diese steuerten weiterhin direkt auf sie zu. Im letzten Moment warf sich Dian ins Gestrüpp und die Gorillas rannten an ihr vorbei.
Sobald die Sonne schien, war die Kabara-Wiese wunderschön. Schien sie nicht und gab es Regen und Nebel, was oft geschah, verwandelte sich die Kabara-Wiese in eine Art letzter Außenposten der Erde. In März und April war der Regen am stärksten. Nicht selten musste Dian stundenlang in nasser Kleidung bei der Beobachtung der Gorillas ausharren.
Jeden Monat schickte Dian Fossey maschinengeschriebene Arbeitsberichte an Louis Leakey, mit denen dieser sehr zufrieden war. Nach einigen Monaten lagen bereits 200 Seiten Beobachtungsprotokolle vor. Für die Studie über die Berggorillas hatte Louis Leakey auch „National Geographic Society", das 11.368 US-Dollar in Dian Fossey investierte, als Sponsor gewonnen.
Inmitten ihrer geliebten Berggorillas war Dian Fossey sehr glücklich. Trotz der Anwesenheit der drei Afrikaner auf der Kabara-Wiese fühlte sich aber immer wieder sehr einsam. Ihre Einsamkeit und Depressionen bekämpfte sie mit Alkohol und Beruhigungsmitteln. Sie vertraute den drei Afrikanern nicht, hielt sie für bösartig und befürchtete, diese würden keinen Augenblick auslassen, um sie zu bestehlen

und auszunutzen. Anfangs schätzte sie noch den Fährtensucher Sanweckwe als Berater. Von ihm lernte sie, wie man in der Wildnis überleben konnte. Aber im Laufe der Zeit kam Dian zu der traurigen Erkenntnis, dass Sanweckwe genauso bösartig wie die anderen Afrikaner war.

Dian Fossey hatte nicht nur Probleme mit ihren jeweils drei afrikanischen Helfern auf der Kabara-Wiese, sondern auch mit andern Afrikanern aus ihrer Umgebung. Irgendwann fing sie an, die Afrikaner „wogs“ zu nennen, was das Gleiche ist, wie wenn man einen Schwarzen als „Nigger“ bezeichnet. So war es kein Wunder, dass es den Afrikanern auf der Kabara-Wiese nicht gefiel und sie sich nicht auf sie verlassen konnte. Zuweilen kam es vor, dass die Afrikaner einige Tage verschwanden und Dian allein mit dem Küchenjungen zurückließen. Dies behagte Dian gar nicht, denn sie hatte Angst, alleine auf dem Berg zu sein. Sie konnte es kaum erwarten, dass die Fotografen Roots wieder auf den Berg zurückkamen, um einen Film über die Berggorillas zu drehen.

Eines Tages wurde die Grenze zwischen dem Kongo und Uganda von heute auf morgen geschlossen, über den Kongo der Ausnahmezustand verhängt und von der kongolesischen Regierung angedroht, man werde alle Flugzeuge abschießen, die den Luftraum des Landes verletzten. Damit war Dian Fossey im Kongo eingeschlossen. Sie ahnte aber nicht, was im Kongo wirklich los war.

Am 9. Juli 1967 kamen 30 Wildhüter und Träger und holten Dian Fossey auf der Kabara-Wiese ab. Ein

Schreiben der Behörden informierte sie darüber, ihr Leben sei in Gefahr. Man bat sie, ihr Lager abzureissen und sich nach Rumangabo zu begeben. In Rumangabo stand Dian – was ihr nicht bewusst war – unter Arrest. Sie hatte alles bei sich, womit sie gekommen war, sah ihre Beobachtungsprotokolle durch und lernte Französisch.

Auslöser der Unruhen war eine Gruppe entschlossener weißer Söldner des kongolesischen Präsidenten Mobutu. Bei diesen Söldnern handelte es sich größtenteils um europäische und südafrikanische Kriegsveteranen, die Rassisten waren und an die Überlegenheit der Weissen glaubten. Mobutu behielt sie als Spezialeinheit in seiner Armee, weil seine eigene Truppe unzuverlässig war und in Notfällen entscheidend sein konnten.

Eines Tages stellten sich die weißen Söldner gegen Mobutu. Am 5. Juli 1967 wurde der Hof des amerikanischen Konsulats in Buvako im Kongo zum Schlachtfeld. Die weissen Söldner schossen auf die Armee von Mobutu, wollten ihn stürzen und die Macht im Kongo übernehmen. Nach einigen Stunden flohen die kongolesischen Soldaten und einen Tag danach auch die weißen Söldner. Nach diesem Massaker wurden die Grenzen zum Kongo geschlossen. Kein Ausländer war mehr in diesem Land sicher, alle Weißen mussten um ihr Leben fürchten.

Der Ernst der Lage war Dian Fossey offenbar nicht gänzlich bewusst. Zumindest benahm sie sich anfangs so, als sei ihr Arrest in Rumangabo eine der üblichen Schikanen der Afrikaner und ärgerte sich, dass sie nicht mehr die Berggorillas beobachten konnte. Sie wollte nach dem erzwungenen Aufenthalt in Rumangabo wieder zur Kabara-Wiese zurückkehren.

Der 16-tägige Aufenthalt vom 10. bis zum 26. Juli 1967 in Rumangabo war ein dunkles und nie ganz geklärtes Kapitel im abenteuerlichen Leben von Dian Fossey, an das sie sich später nicht gerne erinnerte. Ihre Angaben über diese Zeit sind teilweise sehr widersprüchlich. In einem Brief schrieb sie später (1975), sie sei die letzte Weiße gewesen, die nach dem 4. Juli 1967 lebend aus dem Kongo herausgekommen sei. Im Umkreis von 80 Kilometern um Rumangabo seien damals 18 Weiße bei lebendigem Leibe aufgegessen worden. Sie selbst wurde offenbar zwei Tage und Nächte lang zusammen mit weißen Männern, die alle ermordet wurden, in einen Käfig gesteckt. Afrikaner sollen auf sie gespuckt und uriniert sowie sie mehrfach vergewaltigt haben.

Unter dem Vorwand, Geld und Zulassungsgebühren für ihren Landrover in der ugandischen Stadt Kisoro zu holen, versuchte Dian Fossey am 26. Juli 1967 aus dem Kongo zu entkommen. Damit sie nicht auffiel, nahm sie nur wenig Gepäck mit. Erst nach fünfstündiger Wartezeit waren kongolesische Wachposten an der Grenze bereit, sie nach Uganda weiterfahren zu lassen. Sie musste aber einen Wachposten als Begleiter mitnehmen, damit ihre Rückfahrt gewährleistet sei.

Bei der Ankunft in Kisoro (Uganda) fuhr Dian Fossey auf den Parkplatz des Hotels „Travellers Rest", das ihrem Freund Walter Baumgärtel gehörte. Dian rannte aus dem Auto in ein Zimmer des hinteren Gebäudes und versteckte sich dort. Ihr Freund wimmelte den kongolesischen Wachposten ab und dieser verabschiedete sich mit der Drohung, wenn Dian jemals versuchen werde, in den Kongo zurückzukehren, würde sie dort ohne Vorwarnung erschossen.

In Kisoro hielt sich Dian Fossey nicht lange auf. Sie vermutete, dass auf der ruandischen Seite der Virunga-Berge ebenfalls Berggorillas existierten. Die Grenze zwischen Ruanda und dem Kongo verlief genau entlang des Kamms dieses Gebirges. Wenn Louis Leakey damit einverstanden wäre, wollte sie auf ruandischer Seite der Virunga-Berge noch einmal von vorn mit der Studie über die Berggorillas beginnen. Mit dieser Idee war die amerikanische Botschaft in der Hauptstadt von Ruanda nicht einverstanden. Doch Dian ließ sich nicht von ihrer Idee abbringen, suchte und fand Berggorillas auf der ruandischen Seite der Virunga-Vulkane.

In der letzten Septemberwoche 1967 erhielt Alexie Forrester im „Notre Dame" einen Brief mit einem Hilferuf von Dian. Sie bat ihn, nach Ruanda zu kommen und Rache dafür zu üben, was ihr Afrikaner im Kongo angetan hatten. Am 9. Oktober 1967 traf Alexie, dem der Stiefvater von Dian 3.000 Dollar für die Reise nach Ruanda gezahlt hatte, im Lager seiner Freundin ein.

Nachdem Alexie mit Dian gesprochen hatte, bezweifelte er, dass man sie in Rumangabo im Kongo körperlich angegriffen hatte, und glaubte auch ihre Fluchtgeschichte nicht. Nach seiner Ansicht konnte man aus einem solchen Lager, wie es Dian geschildert hatte, nicht lebend herauskommen. Alexie ignorierte auch die Forderung von Dian, die brutale Ermordung von drei jungen Belgiern in Bunagana im Kongo zu rächen. Diese drei Männer hatten Dian bei der Suche nach Berggorillas helfen wollen und waren brutal umgebracht worden. Es hieß, sie seien entweder gefoltert und verzehrt oder kastriert und lebendig verbrannt worden. Stattdessen sagte Alexie zu Dian, sie solle mit ihm kommen und sie könnten dann sofort heiraten. Sie könne aber auch bleiben, womit aber alle Heiratspläne erledigt seien.

Nach Alexie's Ansicht war Dian trotz ihrer Tollkühnheit in Gefahr, die Dinge nicht mehr im richtigen Verhältnis zu sehen und in einigem erheblich zu weit gegangen. Die meisten Amerikaner hatten – laut Alexie – wenig Gespür für ein Leben außerhalb der USA. Auch Dian hatte dies nach seiner Auffassung nicht. Für sie sei Afrika nur ein anderer Sunset Strip Boulevard gewesen, wo sie herumlaufen und auf ihren Rechten bestehen konnte. So war das aber nicht.

Alexie befürchtete, dass man Dian noch vor Jahresende 1967 die Kehle durchschneiden würde, wenn sie bliebe. Er glaubte nicht, dass sie es schaffen würde, auf dem Berg Visoke zu leben, sich mit einer Horde Wilderer herumzuschlagen und dabei am Leben zu bleiben. Nachdem Dian sich weigerte, mit ihm zu kommen, gab ihr Alexie den Rat, die einzige Chance zu überleben, sei, eine Art „Spirituelle Hexe" zu werden, die einen derartigen Schrecken verbreite, dass ihr die Leute möglichst weit aus dem Weg gingen.

Tatsächlich beherzigte sie später diesen ungewöhnlichen Rat.

Als Alexie ohne sie abreiste, beklagte Dian sich zwei Tage später bei Louis Leakey, dass sie wegen eines unangekündigten und unwillkommenen Besuches aus Amerika fünf wertvolle Arbeitstage verloren habe. Wie bereits erwähnt, entsprachen ihre Schilderungen nicht immer der Wahrheit.

Am 24. September 1967 gründete Dian Fossey in Ruanda nahe der Grenze zum Kongo im Gebiet der Virunga-Vulkane am Südwesthang des Visoke in etwa 3.000 Meter Höhe die Karisoke-Forschungsstation („Karisoke Research Center"). Der Name „Karisoke" beruht darauf, dass die Station zwischen dem Karisimbi und dem Visoke lag. Anfangs bestand das Camp nur aus zwei Zelten, später fügten Dian und ihre Crew nach und nach einige Hütten hinzu. Das Camp diente als Ausgangspunkt für die Exkursionen zu den Berggorillas.

Damals erschwerte Geldmangel das Leben und die Arbeit von Dian Fossey sehr. „National Geographic Society" versprach ihr zwar, Geld zu schicken, aber dieses war nach 16 Monaten immer noch nicht bei ihr eingetroffen. Deswegen musste sich Dian Geld leihen, um ihre Helfer bezahlen und Lebensmittel kaufen zu können. Damit sie über die Runden kam, aß sie nur Kartoffeln. Da ihr Kiefer vollkommen vereitert war, hätte sie dringend zum Zahnarzt gehen müssen.

An Arbeit hatte Dian Fossey dagegen gar keinen Mangel. Sie musste ständig den immer kleiner werdenden Bestand der Berggorillas zählen, Gorilla-

Laute auf Band aufnehmen, Fotos von ungewöhnlichen Szenen machen und schicken und hatte nach eigener Meinung doch am wenigsten bei der Studie mitzureden.

Tag für Tag durchstreifte Dian Fossey die nebligen Virunga-Berge, achtete dabei nicht auf ihre labile Gesundheit und überwand die Höhenangst. Dank ihrer Ausdauer und Geduld gelang es ihr, allmählich von den Berggorillas akzeptiert zu werden. Sogar das männliche Leittier eines Familienverbandes, der so genannte „Silberrücken", ließ sich von ihr beobachten. In Gegenwart der Berggorillas saß Dian Fossey nicht nur einfach still da und beobachtete sie. Stattdessen verhielt sie sich wie die Tiere, schlug sich auf die Brust, rülpste laut, brach Äste ab, aß Blätter davon, kratzte sich und ahmte Fellpflege nach. Dieses Verhalten beruhigte die Gorillas und sie duldeten die Anwesenheit von Dian. Manche Berggorillas berührten Dian im Gesicht und an der Schulter. Mitunter vertraute man ihr Jungtiere an, die in ihrem Schoß schlafen durften. Noch nie war ein Mensch den Berggorillas so nahe gekommen.

Dian Fossey gelangen völlig neue Einblicke in die Familienstrukturen, die Verhaltensweisen und in das Kommunikationsverhalten dieser Menschenaffen. Unter anderem fand sie heraus, was die verschiedenen Rufe der Berggorillas bedeuteten, wie sie in der Gruppe und in der Familie lebten, unter welchen Krankheiten sie litten und was sie fraßen.

Bei den Beobachtungen der Berggorillas auf den Hängen der Vulkankette Virunga im Grenzgebiet

Foto auf Seite 33:

*Männlicher Berggorilla
(so genannter „Silberrücken")
in freier Natur in Ruanda*

Berggorillas in Ruanda

34

Berggorilla im „Virunga Nationalpark" in Ruanda

*Berggorilla in Ruanda
beim Verzehren einer Banane*

*Berggorilla im „American Museum
of Natural History" in New York City (USA)*

Orang-Utan-Forscherin Biruté Galdikas

zwischen Ruanda, dem Kongo und Uganda fand Dian Fossey heraus, dass man diese Menschenaffen an die Gegenwart von Menschen gewöhnen kann. Sie schloss Freundschaft mit den Berggorillas und gab jedem von ihnen einen Namen – wie beispielsweise „Coco" oder „Digit". Ein wichtiges Unterscheidungsmerkmal bei Gorillas ist deren Nasenform, die bei jedem Tier verschieden ist. Der männliche Berggorilla „Digit" (zu deutsch „Finger") bekam seinen Namen wegen eines verdrehten Mittelfingers, der offenbar einmal gebrochen war. Er stahl Dian Fossey gern die Handschuhe, den Kugelschreiber oder den Notizblock und spielte mit diesen Gegenständen. Eines Tages konnte Dian ihn sogar berühren. Sie kannte „Digit" schon, als er noch jung und verspielt war. Als erwachsener Gorilla war er einer der „Wachhunde", welche die Aufgabe hatten, am Rande der Gruppe zu bleiben und dem herrschenden „Silberrücken" beim Beschützen der anderen Tiere der Gruppe zu helfen. Von Ende 1969 bis zum Frühjahr 1972 erlebte Dian Fossey eine glückliche Zeit mit dem verheirateten amerikanischen Tierfilmer Bob Campbell, die nur durch ihre Aufenthalte in Cambridge und in Nairobi unterbrochen wurde. Als Dian zum ersten Mal mit eindeutigen Absichten nachts in das Zelt von Bob kriechen wollte, wies er sie noch ab, später nicht mehr. Im Winter 1970 war Dian erstmals schwanger und ließ heimlich eine Abtreibung vornehmen. Eine zweite heimliche Abtreibung, die starke Blutungen zur Folge hatte, kostete sie im November 1971 fast ihr Leben. Damals fuhr ihr Geliebter zu seiner Ehefrau

Schimpansen-Forscherin Jane Goodall

40

nach Nairobi und kehrte erst am 20. Januar 1972 zurück.

1970 verließ Dian Fossey vorübergehend Afrika, um ihre Doktorarbeit an der „University of Cambridge" voranzutreiben. In jenem Jahr trafen sich Dian Fossey, Biruté Galdikas und Jane Goodall zum ersten und einzigen Mal mit ihrem Mentor Louis Leakey. Das denkwürdige Treffen fand in der Londoner Wohnung von Vanne Goodall, der Mutter von Jane Goodall, statt. Louis Leakey fühlte sich damals nicht ganz wohl, hielt sich in einem anderen Zimmer auf und rief immer wieder nach Dian, die aber nicht kam. Dian hatte Jane lange nicht gesehen und schroff gesagt, es gebe nur einen Menschen auf der Welt, mit dem sie reden möchte und das sei Jane.

1974 promovierte Dian Fossey mit ihrer Dissertation „The Behavior of the Mountain Gorilla" zum „Doktor der Zoologie". Sie kehrte mit Studenten, die ebenfalls Untersuchungen vornehmen wollten, nach Ruanda zurück.

Im Leben von Dian Fossey spielte Alkohol eine unrühmlich Rolle. Im Frühjahr 1974 beispielsweise trank sie pro Woche eine Kiste Whiskey.

Bei ihrer Arbeit mit den Berggorillas hatte Dian Fossey anfangs nur ein wissenschaftliches Interesse an diesen Menschenaffen. Doch allmählich entstand eine tiefe emotionale Verbindung zu diesen Tieren, die für Dian, die nicht viele Freunde besaß, wie ein Ersatz für die Menschen waren.

Dian Fossey litt zunehmend darunter, dass den Berggorillas von vielen Seiten Gefahr drohte. Von

Wilderern wurden besonders gerne Gorilla-Babys gefangen, weil diese an Zoos und Privatpersonen verkauft werden konnten. Weil erwachsene Tiere ihr Junges bis zuletzt verteidigten, hat man diese oft umgebracht. Gorillas wurden aber auch wegen ihrer Schädel und Hände getötet, die man an Touristen verscherbelte.

Die Berggorillas im Albert-Nationalpark wurden immer mehr durch Roden und Jagen zurückgedrängt. Der Park mit seinem fruchtbaren Boden befand sich inmitten eines armen, überbevölkerten und ausgelaugten Landes. Es stellte sich die schwierige Frage, was wichtiger war: Das Überleben der Menschen oder das Überleben der Berggorillas.

Dian Fossey betrachtete die Afrikaner, die rund um den Park lebten und in diesen vordrangen, nur als Plünderer und Feinde ihrer geliebten Berggorillas. Sie unternahm nichts, um mit der einheimischen Bevölkerung in Kontakt zu kommen, deren Probleme zu sehen oder mögliche Lösungen dafür zu finden. Stattdessen wollte sie den Afrikanern nur Angst einjagen, um sie vom Park fernzuhalten und war damit erfolgreich.

Um die Berggorillas vor dem Aussterben zu bewahren, wendete Dian Fossey die verrücktesten Methoden an. Mitunter schoss sie über die Köpfe von Touristen, die Menschenaffen zu nahe kamen. Manchmal verkleidete sie sich als Hexe und machte so Einheimischen Angst. Einmal ließ sie einen erwischten Wilderer nackt ausziehen und seine Genitalien mit Brennnesseln peitschen. So machte sie sich viele Feinde, wurde als Hexe gefürchtet und gehasst.

Doch Dian Fossey hatte nicht nur mit Wilderern große Probleme. Wegen ihres Jähzorns und wegen ihrer Unnachgiebigkeit verlief auch die Arbeit mit ihren Forscherkollegen/innen und Studenten/innen schwierig. Denn sie forderte immer hundertprozentigen Einsatz für die Gorillas.

Die Tötung ihres Lieblingsgorillas „Digit" durch Wilderer bewog Dian Fossey 1978, in den Medien über die Lage der vom Aussterben bedrohten Menschenaffen zu berichten. „Digit" war beim Kampf gegen sechs Wilderer mit Hunden ums Leben gekommen und wurde von sechs Speeren getroffen. Dank seines mutigen Einsatzes konnten die anderen Gorillas seiner Gruppe fliehen. Man fand „Digit" verstümmelt ohne Kopf und Hände. Er und andere Gorillas, die das Opfer von Wilderern geworden waren, wurde auf einem kleinem Friedhof hinter der Hütte von Dian begraben.

Als Reaktion auf die Tötung von „Digit" gründete Dian Fossey den „Digit Fund". Dabei handelte es sich um eine Stiftung, die sich aktiv für die Rettung der bedrohten Menschenaffen einsetzte.

Im August 1979 musste Dian Fossey auf Druck der ruandischen Behörden das Land verlassen. Denn ihr Verhalten gegenüber den Einheimischen war schier unerträglich geworden.

Nach ihrer Rückkehr in die USA arbeitete Dian Fossey von 1980 bis 1983 an der „Cornell University" in Ithaca im US-Bundesstaat New York als Gastprofessorin. 1983 kam es bei einem Empfang im „Explorer's Club" in New York City zu einer der seltenen Begegnungen der drei Menschenaffen-Forscherinnen Dian Fossey, Jane Goodall und Biruté Galdikas. Dian hielt Vorträge und schrieb das Manuskript für das Buch „Gorillas in the Mist" (1983, deutsch: „Gorillas im Nebel. Mein Leben mit den sanften Riesen").

Im Juni 1983 kehrte Dian Fossey nach Ruanda zurück. Dort setzte sie ihren Kreuzzug gegen Wilderer fort, die Berggorillas erlegten, deren Kopf und Hände abschnitten, sie präparierten und als Aschenbecher und Zimmerschmuck verkauften. Die streitbaren Ansichten und das zeitweise exzentrische Verhalten von Dian Fossey trugen nicht gerade zu ihrer Beliebtheit bei der Regierung von Ruanda und bei internationalen Organisationen bei.

1984 stellte die „National Geographic Society" ihre finanzielle Unterstützung für die Arbeit von Dian Fossey ein. Ungeachtet dessen schaffte sie es, irgendwie durchzukommen. Im ersten Quartal 1984 entfernte sie noch 582 Fallen und machte 67 Wilderer aus.

In einem Interview, das die Nachrichtenagentur „Associated Press" („AP") im Mai 1985 mit Dian Fossey führte, erklärte sie ohne Bedauern, sie habe keine Freunde. Je mehr man über die Würde der Berggorillas wisse, desto mehr meide man die Menschen. In den letzten Monaten ihres Lebens ging es ihr gesundheitlich nicht sehr gut.

Am 27. Oktober 1985 entdeckte Dian Fossey vor ihrer Tür ein hölzernes Bild, dessen symbolische Bedeutung sie kannte: Jemand wünschte ihren Tod. Sie hatte sich viele Feinde gemacht, weil sie zum Schutz vor Gorilla-

Wilderern eine Truppe bewaffneter Söldner unterhielt und sich strikt gegen einen Ökotourismus in den Virgunga-Bergen weigerte.

Am Morgen des 26. Dezember 1985 gegen 5.45 Uhr fand ein Mitarbeiter von Dian Fossey die 53-Jährige halbnackt neben ihrem Bett liegend und mit gespaltenem Schädel tot in ihrer Wellblechhütte nahe des Gipfels am Berg Visoke auf. Ihr Schädel war von Machetenhieben zertrümmert worden. In der Hütte herrschte ein heilloses Durcheinander: Glasscherben lagen auf dem Boden, Schubladen waren herausgezogen. Dian war offensichtlich das Opfer einer Gewalttat geworden. Der Verwaltungsvorsitzende der „National Geographic Society", Washington, Melvin Payne, würdigte sie als engagierte Wissenschaftlerin. Vier Tage nach ihrer Ermordung wurde Dian Fossey in Ruanda beerdigt. Zu ihrem Begräbnis kamen etwa 60 Personen. Das Grab von Dian befindet sich hinter ihrer Hütte zwischen den Gräbern ihrer geliebten Berggorillas. Auf dem Grabstein steht ihr afrikanischer Name „Nyirmachabelli", zu deutsch „Die Frau, die einsam im Wald lebt". Die komplette Inschrift lautet zu deutsch:

NYIRMACHABELLI.

Dian Fossey 1932 – 1985.

Niemand hat Gorillas mehr geliebt

Ruhe in Frieden, liebe Freudin

Auf ewig im Schutz

Dieses heiligen Bodens

Denn jetzt bist du da,

Wo du zuhause warst.

Bei der Gedächtnisfeier anlässlich des Todes von Dian Fossey in den Räumen der „National Geographic Society" beendete Jane Goodall ihren Nachruf mit den Worten: „Ich glaube, es ist nicht zuviel gesagt, wenn man behauptet, dass es heute in Ruanda keine Berggorillas mehr geben würde, wenn Dian nicht gewesen wäre".

Nach der Ermordung von Dian Fossey beschuldigte man zunächst fünf Schwarze aus Ruanda der Bluttat. Es hieß, sie seien Wilderer und hätten es der Forscherin übel genommen, von ihren Jagdgründen vertrieben worden zu sein. Einer der Verdächtigen erhängte sich in seiner Zelle. Der Mord an Dian Fossey ist bis heute nicht geklärt.

Der kanadische Autor Farley Mowat hielt es in seinem Buch „Das Ende der Fährte. Die Geschichte der Dian Fossey und der Berggorillas in Afrika" (1989) für unwahrscheinlich, dass Dian von Wilderern getötet worden sei. Denn Wilderer hätten sie ohne Probleme und ohne großes Risiko im Wald erschießen können. In der Wellblechhütte dagegen sei es zu einem erbitterten Kampf zwischen Dian und ihrem Mörder gekommen. Dian habe sogar noch eine Pistole in die Hand nehmen können, doch die Munition habe das falsche Kaliber besessen. Wahrscheinlich sei sie von jenen ermordet worden, die sie als Hindernis der touristischen und finanziellen Ausnutzung der Berggorillas betrachteten. Ein Mord im Wald hätte dem Tourismus geschadet. Die ruandische Tourismus-behörde habe mehrfach versucht, Dian aus dem Land zu vertreiben. Wochen vor ihrem Tod habe man ihr eine Verlängerung ihres Visums verweigert. Doch Dian habe es dank eines ihr wohlgesinnten hohen Beamten der Einwanderungbehörde geschafft, ein neues Visum für zwei Jahre zu bekommen.

Farley Mowat vermutete, die Verlängerung des Visums habe für Dian Fossey das Todesurteil bedeutet. Zu denen, die laut der Biografie von Mowat versuchten, Jane das Forschungszentrum wegzunehmen, hätten die ruandische Tourismusbehörde („ORTPN"), ausländische Naturschutzorganisationen („WWF", „AWF". „FPS" und „Mountain Gorilla Project") sowie einige ihrer ehemaligen Studenten (Harcourt, Stewart, Vedder, Watts) gehört. Die erwähnten Organisationen sammelten laut Mowat häufig Spenden im Namen von Dian Fossey, obwohl nichts davon an sie und ihre Anti-Wilderer-Patrouillen ging. Stattdessen flossen die meisten Mittel in teure Tourismusprojekte und an das Parkmanagement.

Das von Dian Fossey gegründete „Karisoke Research Center" wurde nach ihrem Tod noch eine Zeitlang betrieben, ehe man es während des Völkermords in Ruanda aufgab. Die Station ist inzwischen verfallen, bildet aber auch heute noch eine Attraktion für viele Touristen und Bewunderer des Lebenswerkes von Dian. Dort befindet sich der so genannte Gorilla-Friedhof, auf dem Dian den „Silberrücken" namens „Digit" und andere verstorbene Menschenaffen beisetzte und wo sie auch selbst ihre letzte Ruhestätte gefunden hat. Andere Berggorillas werden heute oft im Hauptquartier des Virgunga-Nationalparks in Rumangabo (Kongo) ungefähr 20 Kilometer von

Karisoke entfernt bestattet. Darunter ist der 2007 getötete „Silberrücken" namens „Senkwekwe" der Bekannteste.

1988 inszenierte der britische Regisseur Michael Apted in bester Hollywood-Manier als rührselige Liebesgeschichte den Film „Gorillas im Nebel" über Dian Fossey. Ehemalige Freunde der Forscherin dienten als Berater, ihre Briefe, ihre Tagebücher, ihr Buch von 1983 und ihre Doktorarbeit über die Ergebnisse der Langzeitstudie garantierten weitgehende Authentizität. Gedreht wurde an Originalschauplätzen in 3.000 Meter Höhe. Dabei gelangen faszinierende Naturaufnahmen freilebender Gorillaherden.

Publikum und Kritiker fanden den Streifen, in dem Sigourney Weaver die Rolle von Dian Fossey spielte, als sehenswert. Allerdings bemängelte die „Frankfurter Allgemeine Zeitung" („FAZ") in der Besprechung, die Exzentrik, der offensichtliche Menschenhass, die Anfälle von Verfolgungswahn, das Leiden an der Einsamkeit und der zeitweilig übermäßige Alkoholgenuss der Forscherin seien zu kurz gekommen. Deren Begabung, sich in das Wesen der Gorillas einzufühlen, habe in extremem Gegensatz zu ihrer Unfähigkeit gestanden, im zwischenmenschlichen Bereich Feingefühl, Diplomatie oder Kompromissbereitschaft zu zeigen.

Sigourney Weaver wurde 1989 für ihre Hauptrolle als Dian Fossey für den „Oscar" nominiert und mit dem „Golden Globe" ausgezeichnet. Sie war von den Filmarbeiten mit den Berggorillas so begeistert, dass sie sich fortan aktiv für die Erhaltung dieser Menschenaffen einsetzte. Sie wurde Ehrenpräsidentin des „Dian Fossey Gorilla Fund" („DFGF"). 2006 kehrte sie zum Schauplatz des Films „Gorillas im Nebel" zurück und drehte für die „BBC" die Dokumentation „Gorillas Revisited".

1989 erschien das Buch „The Dark Romance of Dian Fossey" des am 5. April 1989 an einem Gehirntumor gestorbenen amerikanischen Journalisten Harold Hayes. Die deutsche Fassung hieß „Dian Fossey. Die einsame Frau des Waldes". Hayes hatte drei Jahre lang recherchiert und mit Hunderten von Freunden, Bekannten und Feinden von Dian gesprochen.

1992 benannte man den 1988 aus der Taufe gehobenen „Digit Fund" in „Dian Fossey Gorilla Fund International" um. Diese Stiftung gründete das „Karisoke Research Center" in der Stadt Musanze (früher Ruhengeri) neu und setzte fortan die Bemühungen um die Erhaltung der Berggorillas fort. Laut „Wikipedia" beschäftigt das Forschungszentrum mehr als 100 Mitarbeiter. Es sorgt für ständige Überwachung, medizinische Betreuung und für den Schutz der Berggorillas vor allem vor Wilderern.

Auf Anregung der Tourismusbehörde haben viele Ruander die traditionelle Zeremonie der Taufe ihrer Neugeborenen („Kwita Izina") auf die Berggorillas übertragen. Seit rund drei Jahrzehnten wird alljährlich auch jedem Berggorilla-Baby ein Name gegeben. Diese so genannte „Baby Gorilla Naming Ceremony" wird bei einer besonderen Feier unter der Schirmherrschaft des Präsidenten sowie im Beisein prominenter Gäste durchgeführt.

25 Jahre nach ihrem gewaltsamen Tod spaltete Dian Fossey noch immer die Gemüter. In einem Gedenkartikel über sie hieß es Ende Dezember 2010: „Für die einen war sie die selbstlose Retterin der Berggorillas in den Virunga-Bergen zwischen Ruanda, Kongo und Uganda, der erste Mensch, dem eine echte Kontaktaufnahme zu den Menschenaffen gelang. Andere beschrieben sie als ichbezogene, unbeherrschte, am Ende ihre Lebens zunehmend isolierte und verbitterte Frau, die Wissenschaftskollegen brüskierte und Afrikanern mit Herablassung und Ablehnung begegnete."

Ungeachtet gewisser charakterlicher Unzulänglichkeiten wird Dian Fossey wegen ihrer aufopferungsvollen Erforschung des Lebens der Berggorillas in Afrika von sehr vielen Tier- und Naturfreunden weltweit verehrt. Nach ihr hat man sogar einen Himmelskörper benannt: den Asteroid „(23032) Fossey".

Autor Ernst Probst

Der Autor

Ernst Probst, geboren am 20. Januar 1946 in Neunburg vorm Wald im bayerischen Regierungsbezirk Oberpfalz, ist Journalist und Wissenschaftsautor. Er arbeitete von 1968 bis 1971 als Redakteur bei den „Nürnberger Nachrichten", von 1971 bis 1973 in der Zentralredaktion des „Ring Nordbayerischer Tageszeitungen" in Bayreuth und von 1973 bis 2001 bei der „Allgemeinen Zeitung", Mainz. In seiner Freizeit schrieb er Artikel für die „Frankfurter Allgemeine Zeitung", „Süddeutsche Zeitung", „Die Welt", „Frankfurter Rundschau", „Neue Zürcher Zeitung", „Tages-Anzeiger", Zürich, „Salzburger Nachrichten", „Die Zeit", „Rheinischer Merkur", „Deutsches Allgemeines Sonntagsblatt", „bild der wissenschaft", „kosmos", „Deutsche Presse-Agentur" (dpa), „Associated Press" (AP) und den „Deutschen Forschungsdienst" (df). Aus seiner Feder stammen die Bücher „Deutschland in der Urzeit" (1986), „Deutschland in der Steinzeit" (1991), „Rekorde der Urzeit" (1992), „Dinosaurier in Deutschland" (1993 zusammen mit Raymund Windolf) und „Deutschland in der Bronzezeit" (1996). Von 2001 bis 2006 betätigte sich Ernst Probst als Buchverleger sowie zeitweise als internationaler Fossilienhändler und Antiquitätenhändler. Insgesamt veröffentlichte er rund 300 Bücher, Taschenbücher, Broschüren und E-Books.

Literatur

BAUR, Dominik: Jane Goodall im Interview. Von den Schimpansen lernen, dass wir Tiere sind. Der Spiegel, Hamburg, 4. September 2001
BÉDOYÈRE, Camilla de la: Briefe aus Afrika. Dian Fossey – Mein Leben mit den Gorillas, München 2005
DER SPIEGEL: Duell der roten Giganten. In den Urwäldern von Borneo hat die kanadische Anthropologin Biruté Galdikas jahrzehntelang mit Orang-Utans gelebt. Die scheuen, einzelgängerischen „Waldmenschen", wie die Affen von den Eingeborenen genannt werden, gewährten der Forscherin ungeahnte einblicke in ihre Gewohnheiten und ihr soziales Verhalten, Hamburg„ 19. Juni 1995
DRÖSCHER, Vitus B.: WAS IST WAS, Band 89: Menschenaffen, Nürnberg 2004
EMMA: Liebe statt Töten, Köln November/Dezember 2002
FEMBIO http://www.fembio.org
FOSSEY, Dian: Gorillas im Nebel: Mein Leben mit den sanften Riesen, München 1989
GALDIKAS, Biruté M. F.: Meine Orang-Utans, München 1998
GALDIKAS, Biruté M. F. / KLEVER, K. A.: Meine Orang-Utans. Zwanzig Jahre unter den scheuen „Waldmenschen" im Dschungel Borneos, München 1997
GOODALL, Jane: Jane Goodall – Mein Leben für Tiere und Natur: 50 Jahre in Gombe, München 2010

GOODALL, Jane: Ein Herz für Schimpansen. Meine 30 Jahre am Gombe-Strom, Reinbek 1991

GOODALL, Jane / BERMAN, Philip / IFANG; Erika: Grund zur Hoffnung, München 2006

GOODALL, Jane / RIEN, Mark W.: Wilde Schimpansen. Verhaltensforschung am Gombe-Strom, Reinbek 1991

GORDON, Nicholas: Murders in the Mist. Who killed Dian Fossey?, London 1993

HAHNEMANN, Katrin / MAYER, Uwe: Jane Goodall. Wer ist das? Berlin 2011

HAYES, Harold: Dian Fossey – Die einsame Frau des Waldes, München 1981

KARNATH, Lorie / BISCHOFF, Ursula: Verwegene Frauen: Weiblicher Entdeckergeist und die Erforschung der Welt, Luzern 2009

LEAKEY, Louis Seymor Baezett / LAPORTE, Luise: Mau-Mau und die Kykuyus, München 1953

LEAKEY, Richard / LEWIN, Roger: Die Menschen vom See. Neueste Entdeckungen zur Vorgeschichte der Menschheit, München 1979

MELCHIOR, Gerda / SCHÜTZ, Volker: Jane's Journey. Die Lebensreise der Jane Goodall, Feldafing 2010

MOWAT, Farley: Das Ende der Fährte. Die Geschichte der Dian Fossey und der Berggorillas in Afrika, Köln 1989

NIELSEN, Maja: Abenteuer & Wissen. Jane Goodall und Dian Fossey: Unter wilden Menschenaffen, Hildesheim 2008

PROBST, Ernst: Deutschland in der Steinzeit, München 1986

PROBST, Ernst: Superfrauen 5 – Wissenschaft, Mainz-Kostheim 2001

PROBST, Ernst: Rekorde der Urmenschen. Erfindungen, Kunst und Religion, München 2008

RÜTTIMANN, Belinda: Dian Fossey. Eine Arbeit übr das Leben und Wirken von Dian Fossey und ihr Einfluss über die Grenzen ihres Wirkungsortes hinaus. Maturarbeit, Zug 2002

WIKIPEDIA (Online-Lexikon) http://wikipedia.org

Bildquellen

Bücher von Ernst Probst

Affenmenschen
Von Bigfoot bis zum Yeti

Annie Oakley
Die Meisterschützin des Wilden Westens

Archaeopteryx. Die Urvögel aus Bayern

Christl-Marie Schultes. Die erste Fliegerin in Bayern
(zusammen mit Theo Lederer)

Cortés und Malinche. Der spanische Eroberer
und seine indianische Geliebte

Das Dinotherium-Museum Eppelsheim
Führer durch die Ausstellung
(zusammen mit Dr. Jens Lorenz Franzen
und Heiner Roos)

Der Europäische Jaguar

Der Mosbacher Löwe
Die riesige Raubkatze aus Wiesbaden

Der Rhein-Elefant
Das Schreckenstier von Eppelsheim

Mit Schimpansen auf Du.
Kurzbiografie der Primatologin Jane Goodall

Monstern auf der Spur
Wie die Sagen über Drachen, Riesen
und Einhörner entstanden

Pompadour und Dubarry. Die Mätressen
von Louis XV.

Raub-Dinosaurier von A bis Z.
Mit Zeichnungen von Dmitry Bogdanav
und Nobu Tamura

Rekorde der Urmenschen
Erfindungen, Kunst und Religion

Rekorde der Urzeit
Landschaften, Pflanzen und Tiere

Säbelzahnkatzen. Von *Machairodus*
bis zu *Smilodon*

Säbelzahntiger am Ur-Rhein. *Machairodus*
und *Paramachairodus*

Seeungeheuer
Von Nessie bis zum Zuiyo-maru-Monster

Superfrauen aus dem Wilden Westen

Superfrauen 1 – Geschichte

Superfrauen 2 – Religion

Superfrauen 3 – Politik

Superfrauen 4 – Wirtschaft und Verkehr

Superfrauen 5 – Wissenschaft

Superfrauen 6 – Medizin

Superfrauen 7 – Film und Theater

Superfrauen 8 – Literatur

Superfrauen 9 – Malerei und Fotografie

Superfrauen 10 – Musik und Tanz

Superfrauen 11 – Feminismus und Familie

Superfrauen 12 – Sport

Superfrauen 13 – Mode und Kosmetik

Superfrauen 14 – Medien und Astrologie

Sturzflüge für Deutschland. Kurzporträt der
Testpilotin Melitta Schenk Gräfin von Stauffenberg
(zusammen mit Heiko Peter Melle)

Tony und Bruno Werntgen. Zwei Leben für die
Luftfahrt (zusammen mit Paul Wirtz)

Zenobia von Palmyra. Eine Frau kämpft
gegen die Römer

Bestellungen bei: http://www.grin.com